I0112204

www.ingramcontent.com/pod-product-compliance
Lightning Source LLC
LaVergne TN
LVHW061330060426
835513LV00015B/1348
9781968369088

Rasmul Quraan

The Forgotten Practice of Writing Quraan

WorkBook 58

Al-Jinn-Al-Mursalat 50, Hizb 58 Juz 29

Timbuktu Seminary

Rasmul Quraan Workbook 58: The Forgotten Practice of Writing the Quraan

Published in the United States by Timbuktu Press – <www.timbuktupress.com>

Timbuktu Press First Edition, 2025

ISBN 978-1-968369-08-8

Timbuktu Press® is a registered trademark of Timbuktu Press.

About this Workbook

Traditionally, the memorization of Quraan included writing it out by hand. It was understood that through writing out the Quraan, its aayaat would be sealed into the hearts and minds of the up and coming students. However, with the advent of electronic tablets and video games, the practice of writing out the Quraan has been rapidly disappearing. This workbook is our attempt to fight this dangerous trend.

When a student was preparing to write out the Quraan, he would find a wooden board called a "LawH" to write on. The average LawH could fit a Hizb of Quraan on it. After memorizing the written Hizb, the student would wash the LawH and start writing a new Hizb.

In keeping with this tradition, each one of these workbooks is one Hizb, approximately ten pages in the modern day muS-Haf. Simply trace the aayaat provided, and strengthen your memorization of Allaah's Words. The entire Workbook series has been organized by Al-Ustaadhah, Umm Mujaahid Faatimah As-Salafy, under my direct supervision. Therefore, please bring any mistakes to my attention.

Abu Taubah Mukhlis
Director of Education/Timbuktu Seminary
26 Sha'baan 1446 H/2025 CE

Warning not to Abandon the Quraan

Those who are negligent in learning the Quraan are considered to have abandoned it. And only the enemies of the Prophet MuHammad, abandon the Quraan. In this regard; Allaah and His Messenger say,

وَقَالَ ٱلرَّسُولُ يَٰرَبِّ إِنَّ قَوۡمِي ٱتَّخَذُواْ هَٰذَا ٱلۡقُرۡءَانَ مَهۡجُورٗا ٣٠

وَكَذَٰلِكَ جَعَلۡنَا لِكُلِّ نَبِيٍّ عَدُوّٗا مِّنَ ٱلۡمُجۡرِمِينَۗ وَكَفَىٰ بِرَبِّكَ هَادِيٗا وَنَصِيرٗا ٣١

The Messenger (MuHammad) cried out to his Lord saying, "O my Lord! My people have taken to neglecting this Quraan." And in this way, We have taken criminals and made them the enemies of every Prophet. But your Lord is a sufficient Guide and Helper[1].

And from the guidance and help of our Lord is that He has taught us by way of the PEN. We hope that this workbook inspires you to pick up **YOUR** pen and write out the Quraan.

---

[1] **Soorah 25 FurQaan 30-31**

Signs & Symbols

صلے

It is better to continue reading, but stopping is permissible.

قلے

It is better to stop reading

ج

Permissible to stop or continue

لا

Stop

Al-Jinn

بِسْمِ ٱللَّهِ ٱلرَّحْمَٰنِ ٱلرَّحِيمِ

قُلْ أُوحِىَ إِلَىَّ أَنَّهُ ٱسْتَمَعَ نَفَرٌ مِّنَ

ٱلْجِنِّ فَقَالُوٓا۟ إِنَّا سَمِعْنَا قُرْءَانًا عَجَبًا 1

يَهْدِىٓ إِلَى ٱلرُّشْدِ فَـَٔامَنَّا بِهِۦ صلى وَلَن

نُّشْرِكَ بِرَبِّنَآ أَحَدًا 2

وَأَنَّهُۥ تَعَـٰلَىٰ جَدُّ رَبِّنَا مَا ٱتَّخَذَ
صَـٰحِبَةً وَلَا وَلَدًا 3 وَأَنَّهُۥ كَانَ يَقُولُ
سَفِيهُنَا عَلَى ٱللَّهِ شَطَطًا 4 وَأَنَّا
ظَنَنَّآ أَن لَّن تَقُولَ ٱلْإِنسُ وَٱلْجِنُّ
عَلَى ٱللَّهِ كَذِبًا 5 وَأَنَّهُۥ كَانَ رِجَالٌ
مِّنَ ٱلْإِنسِ يَعُوذُونَ بِرِجَالٍ مِّنَ

ٱلْجِنِّ فَزَادُوهُمْ رَهَقًا 6 وَأَنَّهُمْ ظَنُّوا۟

كَمَا ظَنَنتُمْ أَن لَّن يَبْعَثَ ٱللَّهُ أَحَدًا 7

وَأَنَّا لَمَسْنَا ٱلسَّمَآءَ فَوَجَدْنَـٰهَا

مُلِئَتْ حَرَسًا شَدِيدًا وَشُهُبًا 8 وَأَنَّا

كُنَّا نَقْعُدُ مِنْهَا مَقَـٰعِدَ لِلسَّمْعِ ۖ فَمَن

يَسْتَمِعِ ٱلْـَٔانَ يَجِدْ لَهُۥ شِهَابًا رَّصَدًا 9

وَأَنَّا لَا نَدْرِىٓ أَشَرٌّ أُرِيدَ بِمَن فِى

ٱلْأَرْضِ أَمْ أَرَادَ بِهِمْ رَبُّهُمْ رَشَدًا 10

وَأَنَّا مِنَّا ٱلصَّٰلِحُونَ وَمِنَّا دُونَ

ذَٰلِكَ ۖ كُنَّا طَرَآئِقَ قِدَدًا 11 وَأَنَّا ظَنَنَّآ

أَن لَّن نُّعْجِزَ ٱللَّهَ فِى ٱلْأَرْضِ وَلَن

نُّعْجِزَهُۥ هَرَبًا 12

وَأَنَّا لَمَّا سَمِعْنَا ٱلْهُدَىٰٓ ءَامَنَّا بِهِۦ صلى

فَمَن يُؤْمِنۢ بِرَبِّهِۦ فَلَا يَخَافُ بَخْسًا

وَلَا رَهَقًا 13 وَأَنَّا مِنَّا ٱلْمُسْلِمُونَ

وَمِنَّا ٱلْقَـٰسِطُونَ صلى فَمَنْ أَسْلَمَ

فَأُو۟لَـٰٓئِكَ تَحَرَّوْا۟ رَشَدًا 14 وَأَمَّا

ٱلْقَـٰسِطُونَ فَكَانُوا۟ لِجَهَنَّمَ حَطَبًا 15

وَأَلَّوِ ٱسْتَقَٰمُوا۟ عَلَى ٱلطَّرِيقَةِ

لَأَسْقَيْنَٰهُم مَّآءً غَدَقًا 16 لِّنَفْتِنَهُمْ

فِيهِ ۚ وَمَن يُعْرِضْ عَن ذِكْرِ رَبِّهِۦ

يَسْلُكْهُ عَذَابًا صَعَدًا 17 وَأَنَّ

ٱلْمَسَٰجِدَ لِلَّهِ فَلَا تَدْعُوا۟ مَعَ ٱللَّهِ

أَحَدًا 18 وَأَنَّهُۥ لَمَّا قَامَ عَبْدُ ٱللَّهِ

يَدْعُوهُ كَادُوا۟ يَكُونُونَ عَلَيْهِ لِبَدًا 19

قُلْ إِنَّمَآ أَدْعُوا۟ رَبِّى وَلَآ أُشْرِكُ بِهِۦٓ

أَحَدًا 20 قُلْ إِنِّى لَآ أَمْلِكُ لَكُمْ ضَرًّا

وَلَا رَشَدًا 21 قُلْ إِنِّى لَن يُجِيرَنِى

مِنَ ٱللَّهِ أَحَدٌ وَلَنْ أَجِدَ مِن دُونِهِۦ

مُلْتَحَدًا 22 إِلَّا بَلَـٰغًا مِّنَ ٱللَّهِ
وَرِسَـٰلَـٰتِهِۦ ج وَمَن يَعْصِ ٱللَّهَ
وَرَسُولَهُۥ فَإِنَّ لَهُۥ نَارَ جَهَنَّمَ خَـٰلِدِينَ
فِيهَآ أَبَدًا 23 حَتَّىٰٓ إِذَا رَأَوْا۟ مَا
يُوعَدُونَ فَسَيَعْلَمُونَ مَنْ أَضْعَفُ
نَاصِرًا وَأَقَلُّ عَدَدًا 24

قُلْ إِنْ أَدْرِىٓ أَقَرِيبٌ مَّا تُوعَدُونَ أَمْ

يَجْعَلُ لَهُۥ رَبِّىٓ أَمَدًا 25 عَٰلِمُ ٱلْغَيْبِ

فَلَا يُظْهِرُ عَلَىٰ غَيْبِهِۦٓ أَحَدًا 26

إِلَّا مَنِ ٱرْتَضَىٰ مِن رَّسُولٍ فَإِنَّهُۥ

يَسْلُكُ مِنۢ بَيْنِ يَدَيْهِ وَمِنْ خَلْفِهِۦ

رَصَدًا 27 لِّيَعْلَمَ أَن قَدْ أَبْلَغُوا۟

رِسَٰلَٰتِ رَبِّهِمْ وَأَحَاطَ بِمَا لَدَيْهِمْ

وَأَحْصَىٰ كُلَّ شَيْءٍ عَدَدًۢا 28

Al-Muzammil

بِسْمِ ٱللَّهِ ٱلرَّحْمَٰنِ ٱلرَّحِيمِ

يَٰٓأَيُّهَا ٱلْمُزَّمِّلُ 1 قُمِ ٱلَّيْلَ إِلَّا قَلِيلًا 2

نِّصْفَهُۥٓ أَوِ ٱنقُصْ مِنْهُ قَلِيلًا 3

أَوْ زِدْ عَلَيْهِ وَرَتِّلِ ٱلْقُرْءَانَ تَرْتِيلًا 4

إِنَّا سَنُلْقِى عَلَيْكَ قَوْلًا ثَقِيلًا 5

إِنَّ نَاشِئَةَ ٱلَّيْلِ هِىَ أَشَدُّ وَطْـًٔا

وَأَقْوَمُ قِيلًا 6 إِنَّ لَكَ فِى ٱلنَّهَارِ

سَبْحًا طَوِيلًا 7 وَٱذْكُرِ ٱسْمَ رَبِّكَ

وَتَبَتَّلْ إِلَيْهِ تَبْتِيلًا 8 رَّبُّ ٱلْمَشْرِقِ

وَٱلْمَغْرِبِ لَآ إِلَٰهَ إِلَّا هُوَ فَٱتَّخِذْهُ

وَكِيلًا 9 وَٱصْبِرْ عَلَىٰ مَا يَقُولُونَ

وَٱهْجُرْهُمْ هَجْرًا جَمِيلًا 10 وَذَرْنِى

وَٱلْمُكَذِّبِينَ أُو۟لِى ٱلنَّعْمَةِ وَمَهِّلْهُمْ

قَلِيلًا 11 إِنَّ لَدَيْنَآ أَنكَالًا وَجَحِيمًا 12

وَطَعَامًا ذَا غُصَّةٍ وَعَذَابًا أَلِيمًا 13

يَوْمَ تَرْجُفُ ٱلْأَرْضُ وَٱلْجِبَالُ

وَكَانَتِ ٱلْجِبَالُ كَثِيبًا مَّهِيلًا 14

إِنَّآ أَرْسَلْنَآ إِلَيْكُمْ رَسُولًا شَٰهِدًا

عَلَيْكُمْ كَمَآ أَرْسَلْنَآ إِلَىٰ فِرْعَوْنَ

رَسُولًا 15 فَعَصَىٰ فِرْعَوْنُ ٱلرَّسُولَ

فَأَخَذْنَٰهُ أَخْذًا وَبِيلًا 16

فَكَيْفَ تَتَّقُونَ إِن كَفَرْتُمْ يَوْمًا

يَجْعَلُ ٱلْوِلْدَٰنَ شِيبًا 17 ٱلسَّمَآءُ

مُنفَطِرٌۢ بِهِۦ ۚ كَانَ وَعْدُهُۥ مَفْعُولًا 18

صلى

إِنَّ هَٰذِهِۦ تَذْكِرَةٌ ۖ فَمَن شَآءَ ٱتَّخَذَ

إِلَىٰ رَبِّهِۦ سَبِيلًا 19

إِنَّ رَبَّكَ يَعْلَمُ أَنَّكَ تَقُومُ

أَدْنَىٰ مِن ثُلُثَىِ ٱلَّيْلِ وَنِصْفَهُۥ

وَثُلُثَهُۥ وَطَآئِفَةٌ مِّنَ ٱلَّذِينَ مَعَكَ ۚ

وَٱللَّهُ يُقَدِّرُ ٱلَّيْلَ وَٱلنَّهَارَ ۚ عَلِمَ أَن

لَّن تُحْصُوهُ فَتَابَ عَلَيْكُمْ ۖ فَٱقْرَءُوا۟

مَا تَيَسَّرَ مِنَ ٱلْقُرْءَانِ ۚ عَلِمَ أَن

سَيَكُونُ مِنكُم مَّرْضَىٰ ۙ وَءَاخَرُونَ

يَضْرِبُونَ فِى ٱلْأَرْضِ يَبْتَغُونَ مِن

فَضْلِ ٱللَّهِ ۙ وَءَاخَرُونَ يُقَٰتِلُونَ فِى

سَبِيلِ ٱللَّهِ ۖ فَٱقْرَءُوا۟ مَا تَيَسَّرَ مِنْهُ ۚ

وَأَقِيمُوا۟ ٱلصَّلَوٰةَ وَءَاتُوا۟ ٱلزَّكَوٰةَ

وَأَقْرِضُوا۟ ٱللَّهَ قَرْضًا حَسَنًا ج وَمَا

تُقَدِّمُوا۟ لِأَنفُسِكُم مِّنْ خَيْرٍ تَجِدُوهُ

عِندَ ٱللَّهِ هُوَ خَيْرًا وَأَعْظَمَ أَجْرًا ج

وَٱسْتَغْفِرُوا۟ ٱللَّهَ صلى إِنَّ ٱللَّهَ غَفُورٌ

رَّحِيمٌۢ 20

Al-Muddaththir

بِسْمِ ٱللَّهِ ٱلرَّحْمَٰنِ ٱلرَّحِيمِ

يَٰٓأَيُّهَا ٱلْمُدَّثِّرُ 1 قُمْ فَأَنذِرْ 2 وَرَبَّكَ

فَكَبِّرْ 3 وَثِيَابَكَ فَطَهِّرْ 4 وَٱلرُّجْزَ

فَٱهْجُرْ 5 وَلَا تَمْنُن تَسْتَكْثِرُ 6

وَلِرَبِّكَ فَٱصْبِرْ 7

فَإِذَا نُقِرَ فِى ٱلنَّاقُورِ 8 فَذَٰلِكَ يَوْمَئِذٍ

يَوْمٌ عَسِيرٌ 9 عَلَى ٱلْكَٰفِرِينَ غَيْرُ

يَسِيرٍ 10 ذَرْنِى وَمَنْ خَلَقْتُ وَحِيدًا 11

وَجَعَلْتُ لَهُۥ مَالًا مَّمْدُودًا 12 وَبَنِينَ

شُهُودًا 13 وَمَهَّدتُّ لَهُۥ تَمْهِيدًا 14

ثُمَّ يَطْمَعُ أَنْ أَزِيدَ 15

كَلَّآ إِنَّهُۥ كَانَ لِـَٔايَـٰتِنَا عَنِيدًا 16

سَأُرْهِقُهُۥ صَعُودًا 17 إِنَّهُۥ فَكَّرَ وَقَدَّرَ 18

فَقُتِلَ كَيْفَ قَدَّرَ 19 ثُمَّ قُتِلَ كَيْفَ قَدَّرَ 20

ثُمَّ نَظَرَ 21 ثُمَّ عَبَسَ وَبَسَرَ 22 ثُمَّ أَدْبَرَ

وَٱسْتَكْبَرَ 23 فَقَالَ إِنْ هَٰذَآ إِلَّا سِحْرٌ

يُؤْثَرُ 24 إِنْ هَٰذَآ إِلَّا قَوْلُ ٱلْبَشَرِ 25

سَأُصْلِيهِ سَقَرَ 26 وَمَآ أَدْرَىٰكَ مَا

سَقَرُ 27 لَا تُبْقِى وَلَا تَذَرُ 28

لَوَّاحَةٌ لِّلْبَشَرِ 29 عَلَيْهَا تِسْعَةَ

عَشَرَ 30 وَمَا جَعَلْنَآ أَصْحَٰبَ ٱلنَّارِ

إِلَّا مَلَٰٓئِكَةً ۙ وَمَا جَعَلْنَا عِدَّتَهُمْ إِلَّا

فِتْنَةً لِّلَّذِينَ كَفَرُوا۟ لِيَسْتَيْقِنَ ٱلَّذِينَ

أُوتُوا۟ ٱلْكِتَٰبَ وَيَزْدَادَ ٱلَّذِينَ ءَامَنُوٓا۟

إِيمَٰنًا ۙ وَلَا يَرْتَابَ ٱلَّذِينَ أُوتُوا۟

ٱلْكِتَـٰبَ وَٱلْمُؤْمِنُونَ ۚ وَلِيَقُولَ

ٱلَّذِينَ فِى قُلُوبِهِم مَّرَضٌ

وَٱلْكَـٰفِرُونَ مَاذَآ أَرَادَ ٱللَّهُ بِهَـٰذَا

مَثَلًا ۚ كَذَٰلِكَ يُضِلُّ ٱللَّهُ مَن يَشَآءُ

وَيَهْدِى مَن يَشَآءُ ۚ وَمَا يَعْلَمُ جُنُودَ

رَبِّكَ إِلَّا هُوَ ۚ وَمَا هِىَ إِلَّا ذِكْرَىٰ

لِلْبَشَرِ 31 كَلَّا وَٱلْقَمَرِ 32 وَٱلَّيْلِ إِذْ

أَدْبَرَ 33 وَٱلصُّبْحِ إِذَآ أَسْفَرَ 34 إِنَّهَا

لَإِحْدَى ٱلْكُبَرِ 35 نَذِيرًا لِّلْبَشَرِ 36

لِمَن شَآءَ مِنكُمْ أَن يَتَقَدَّمَ أَوْ

يَتَأَخَّرَ 37 كُلُّ نَفْسٍ بِمَا كَسَبَتْ

رَهِينَةٌ 38 إِلَّآ أَصْحَٰبَ ٱلْيَمِينِ 39

فِى جَنَّٰتٍ يَتَسَآءَلُونَ 40 عَنِ

ٱلْمُجْرِمِينَ 41 مَا سَلَكَكُمْ فِى

سَقَرَ 42 قَالُوا۟ لَمْ نَكُ مِنَ ٱلْمُصَلِّينَ 43

وَلَمْ نَكُ نُطْعِمُ ٱلْمِسْكِينَ 44 وَكُنَّا

نَخُوضُ مَعَ ٱلْخَآئِضِينَ 45 وَكُنَّا

نُكَذِّبُ بِيَوْمِ ٱلدِّينِ 46 حَتَّىٰٓ أَتَىٰنَا

ٱلْيَقِينُ 47 فَمَا تَنفَعُهُمْ شَفَـٰعَةُ
ٱلشَّـٰفِعِينَ 48 فَمَا لَهُمْ عَنِ ٱلتَّذْكِرَةِ
مُعْرِضِينَ 49 كَأَنَّهُمْ حُمُرٌ مُّسْتَنفِرَةٌ 50
فَرَّتْ مِن قَسْوَرَةٍۭ 51 بَلْ يُرِيدُ كُلُّ
ٱمْرِئٍ مِّنْهُمْ أَن يُؤْتَىٰ صُحُفًا
مُّنَشَّرَةً 52 كَلَّا ۖ بَل لَّا يَخَافُونَ

ٱلْـَٔاخِرَةَ 53 كَلَّآ إِنَّهُۥ تَذْكِرَةٌ 54 فَمَن

شَآءَ ذَكَرَهُۥ 55 وَمَا يَذْكُرُونَ إِلَّآ أَن

يَشَآءَ ٱللَّهُ ج هُوَ أَهْلُ ٱلتَّقْوَىٰ وَأَهْلُ

ٱلْمَغْفِرَةِ 56

Al-Qiyaamah

بِسْمِ ٱللَّهِ ٱلرَّحْمَٰنِ ٱلرَّحِيمِ

لَآ أُقْسِمُ بِيَوْمِ ٱلْقِيَٰمَةِ 1 وَلَآ أُقْسِمُ

بِٱلنَّفْسِ ٱللَّوَّامَةِ 2 أَيَحْسَبُ

ٱلْإِنسَٰنُ أَلَّن نَّجْمَعَ عِظَامَهُۥ 3

بَلَىٰ قَٰدِرِينَ عَلَىٰٓ أَن نُّسَوِّيَ بَنَانَهُۥ 4

بَلْ يُرِيدُ ٱلْإِنسَـٰنُ لِيَفْجُرَ أَمَامَهُۥ 5

يَسْـَٔلُ أَيَّانَ يَوْمُ ٱلْقِيَـٰمَةِ 6 فَإِذَا بَرِقَ

ٱلْبَصَرُ 7 وَخَسَفَ ٱلْقَمَرُ 8 وَجُمِعَ

ٱلشَّمْسُ وَٱلْقَمَرُ 9 يَقُولُ ٱلْإِنسَـٰنُ

يَوْمَئِذٍ أَيْنَ ٱلْمَفَرُّ 10 كَلَّا لَا وَزَرَ 11

إِلَىٰ رَبِّكَ يَوْمَئِذٍ ٱلْمُسْتَقَرُّ 12

يُنَبَّؤُا۟ ٱلْإِنسَٰنُ يَوْمَئِذٍۭ بِمَا قَدَّمَ

وَأَخَّرَ 13 بَلِ ٱلْإِنسَٰنُ عَلَىٰ نَفْسِهِۦ

بَصِيرَةٌ 14 وَلَوْ أَلْقَىٰ مَعَاذِيرَهُۥ 15

لَا تُحَرِّكْ بِهِۦ لِسَانَكَ لِتَعْجَلَ بِهِۦٓ 16

إِنَّ عَلَيْنَا جَمْعَهُۥ وَقُرْءَانَهُۥ 17 فَإِذَا

قَرَأْنَٰهُ فَٱتَّبِعْ قُرْءَانَهُۥ 18

ثُمَّ إِنَّ عَلَيْنَا بَيَانَهُۥ 19 كَلَّا بَلْ تُحِبُّونَ

ٱلْعَاجِلَةَ 20 وَتَذَرُونَ ٱلْـَٔاخِرَةَ 21

وُجُوهٌ يَوْمَئِذٍ نَّاضِرَةٌ 22 إِلَىٰ رَبِّهَا

نَاظِرَةٌ 23 وَوُجُوهٌ يَوْمَئِذٍۭ بَاسِرَةٌ 24

تَظُنُّ أَن يُفْعَلَ بِهَا فَاقِرَةٌ 25

كَلَّآ إِذَا بَلَغَتِ ٱلتَّرَاقِىَ 26

وَقِيلَ مَنْۜ رَاقٖ 27 وَظَنَّ أَنَّهُ ٱلۡفِرَاقُ 28

وَٱلۡتَفَّتِ ٱلسَّاقُ بِٱلسَّاقِ 29 إِلَىٰ

رَبِّكَ يَوۡمَئِذٍ ٱلۡمَسَاقُ 30 فَلَا صَدَّقَ

وَلَا صَلَّىٰ 31 وَلَٰكِن كَذَّبَ

وَتَوَلَّىٰ 32 ثُمَّ ذَهَبَ إِلَىٰٓ أَهۡلِهِۦ

يَتَمَطَّىٰٓ 33 أَوۡلَىٰ لَكَ فَأَوۡلَىٰ 34

ثُمَّ أَوْلَىٰ لَكَ فَأَوْلَىٰٓ 35 أَيَحْسَبُ

ٱلْإِنسَـٰنُ أَن يُتْرَكَ سُدًى 36 أَلَمْ يَكُ

نُطْفَةً مِّن مَّنِىٍّ يُمْنَىٰ 37 ثُمَّ كَانَ

عَلَقَةً فَخَلَقَ فَسَوَّىٰ 38 فَجَعَلَ مِنْهُ

ٱلزَّوْجَيْنِ ٱلذَّكَرَ وَٱلْأُنثَىٰٓ 39 أَلَيْسَ

ذَٰلِكَ بِقَـٰدِرٍ عَلَىٰٓ أَن يُحْـِۧىَ ٱلْمَوْتَىٰ 40

Al-Insaan

بِسْمِ ٱللَّهِ ٱلرَّحْمَـٰنِ ٱلرَّحِيمِ

هَلْ أَتَىٰ عَلَى ٱلْإِنسَـٰنِ حِينٌ مِّنَ
ٱلدَّهْرِ لَمْ يَكُن شَيْـًٔا مَّذْكُورًا 1 إِنَّا
خَلَقْنَا ٱلْإِنسَـٰنَ مِن نُّطْفَةٍ أَمْشَاجٍ
نَّبْتَلِيهِ فَجَعَلْنَـٰهُ سَمِيعًۢا بَصِيرًا 2

إِنَّا هَدَيْنَـٰهُ ٱلسَّبِيلَ إِمَّا شَاكِرًا وَإِمَّا

كَفُورًا 3 إِنَّآ أَعْتَدْنَا لِلْكَـٰفِرِينَ

سَلَـٰسِلَا۟ وَأَغْلَـٰلًا وَسَعِيرًا 4 إِنَّ

ٱلْأَبْرَارَ يَشْرَبُونَ مِن كَأْسٍ كَانَ

مِزَاجُهَا كَافُورًا 5 عَيْنًا يَشْرَبُ بِهَا

عِبَادُ ٱللَّهِ يُفَجِّرُونَهَا تَفْجِيرًا 6

يُوفُونَ بِٱلنَّذْرِ وَيَخَافُونَ يَوْمًا كَانَ
شَرُّهُۥ مُسْتَطِيرًا 7 وَيُطْعِمُونَ ٱلطَّعَامَ
عَلَىٰ حُبِّهِۦ مِسْكِينًا وَيَتِيمًا
وَأَسِيرًا 8 إِنَّمَا نُطْعِمُكُمْ لِوَجْهِ ٱللَّهِ
لَا نُرِيدُ مِنكُمْ جَزَآءً وَلَا شُكُورًا 9
إِنَّا نَخَافُ مِن رَّبِّنَا يَوْمًا عَبُوسًا

قَمۡطَرِيرٗا 10 فَوَقَىٰهُمُ ٱللَّهُ شَرَّ ذَٰلِكَ

ٱلۡيَوۡمِ وَلَقَّىٰهُمۡ نَضۡرَةٗ وَسُرُورٗا 11

وَجَزَىٰهُم بِمَا صَبَرُواْ جَنَّةٗ وَحَرِيرٗا 12

مُّتَّكِـِٔينَ فِيهَا عَلَى ٱلۡأَرَآئِكِۖ لَا

يَرَوۡنَ فِيهَا شَمۡسٗا وَلَا زَمۡهَرِيرٗا 13

وَدَانِيَةً عَلَيْهِمْ ظِلَالُهَا وَذُلِّلَتْ

قُطُوفُهَا تَذْلِيلًا 14 وَيُطَافُ عَلَيْهِم

بِآنِيَةٍ مِّن فِضَّةٍ وَأَكْوَابٍ كَانَتْ

قَوَارِيرَا۠ 15 قَوَارِيرَا۠ مِن فِضَّةٍ

قَدَّرُوهَا تَقْدِيرًا 16 وَيُسْقَوْنَ فِيهَا

كَأْسًا كَانَ مِزَاجُهَا زَنجَبِيلًا 17

عَيْنًا فِيهَا تُسَمَّىٰ سَلْسَبِيلًا 18

وَيَطُوفُ عَلَيْهِمْ وِلْدَٰنٌ مُّخَلَّدُونَ

إِذَا رَأَيْتَهُمْ حَسِبْتَهُمْ لُؤْلُؤًا مَّنثُورًا 19

وَإِذَا رَأَيْتَ ثَمَّ رَأَيْتَ نَعِيمًا وَمُلْكًا

كَبِيرًا 20 عَـٰلِيَهُمْ ثِيَابُ سُندُسٍ

صلى

خُضْرٌ وَإِسْتَبْرَقٌ وَحُلُّوٓا۟ أَسَاوِرَ مِن

فِضَّةٍ وَسَقَىٰهُمْ رَبُّهُمْ شَرَابًا طَهُورًا **21**

إِنَّ هَٰذَا كَانَ لَكُمْ جَزَآءً وَكَانَ

سَعْيُكُم مَّشْكُورًا **22** إِنَّا نَحْنُ نَزَّلْنَا

عَلَيْكَ ٱلْقُرْءَانَ تَنزِيلًا **23** فَٱصْبِرْ

لِحُكْمِ رَبِّكَ وَلَا تُطِعْ مِنْهُمْ ءَاثِمًا

أَوْ كَفُورًا 24 وَٱذْكُرِ ٱسْمَ رَبِّكَ بُكْرَةً

وَأَصِيلًا 25 وَمِنَ ٱلَّيْلِ فَٱسْجُدْ لَهُۥ

وَسَبِّحْهُ لَيْلًا طَوِيلًا 26 إِنَّ هَٰٓؤُلَآءِ

يُحِبُّونَ ٱلْعَاجِلَةَ وَيَذَرُونَ وَرَآءَهُمْ

يَوْمًا ثَقِيلًا 27 نَّحْنُ خَلَقْنَٰهُمْ وَشَدَدْنَآ

أَسْرَهُمْ ۖ وَإِذَا شِئْنَا بَدَّلْنَآ أَمْثَٰلَهُمْ

تَبْدِيلًا 28 إِنَّ هَٰذِهِۦ تَذْكِرَةٌ صلى فَمَن
شَآءَ ٱتَّخَذَ إِلَىٰ رَبِّهِۦ سَبِيلًا 29
وَمَا تَشَآءُونَ إِلَّآ أَن يَشَآءَ ٱللَّهُ ج إِنَّ
ٱللَّهَ كَانَ عَلِيمًا حَكِيمًا 30 يُدْخِلُ
مَن يَشَآءُ فِى رَحْمَتِهِۦ ج وَٱلظَّٰلِمِينَ
أَعَدَّ لَهُمْ عَذَابًا أَلِيمًۢا 31

Al-Mursalaat

بِسْمِ ٱللَّهِ ٱلرَّحْمَٰنِ ٱلرَّحِيمِ

وَٱلْمُرْسَلَٰتِ عُرْفًا 1 فَٱلْعَٰصِفَٰتِ

عَصْفًا 2 وَٱلنَّٰشِرَٰتِ نَشْرًا 3

فَٱلْفَٰرِقَٰتِ فَرْقًا 4 فَٱلْمُلْقِيَٰتِ ذِكْرًا 5

عُذْرًا أَوْ نُذْرًا 6 إِنَّمَا تُوعَدُونَ لَوَٰقِعٌ 7

فَإِذَا ٱلنُّجُومُ طُمِسَتْ 8 وَإِذَا ٱلسَّمَآءُ

فُرِجَتْ 9 وَإِذَا ٱلْجِبَالُ نُسِفَتْ 10 وَإِذَا

ٱلرُّسُلُ أُقِّتَتْ 11 لِأَىِّ يَوْمٍ أُجِّلَتْ 12

لِيَوْمِ ٱلْفَصْلِ 13 وَمَآ أَدْرَىٰكَ مَا يَوْمُ

ٱلْفَصْلِ 14 وَيْلٌ يَوْمَئِذٍ لِّلْمُكَذِّبِينَ 15

أَلَمْ نُهْلِكِ ٱلْأَوَّلِينَ 16

ثُمَّ نُتْبِعُهُمُ ٱلْـَٔاخِرِينَ 17 كَذَٰلِكَ نَفْعَلُ

بِٱلْمُجْرِمِينَ 18 وَيْلٌ يَوْمَئِذٍ

لِّلْمُكَذِّبِينَ 19 أَلَمْ نَخْلُقكُّم مِّن مَّآءٍ

مَّهِينٍ 20 فَجَعَلْنَٰهُ فِى قَرَارٍ مَّكِينٍ 21

إِلَىٰ قَدَرٍ مَّعْلُومٍ 22 فَقَدَرْنَا فَنِعْمَ

ٱلْقَٰدِرُونَ 23 وَيْلٌ يَوْمَئِذٍ لِّلْمُكَذِّبِينَ 24

أَلَمْ نَجْعَلِ ٱلْأَرْضَ كِفَاتًا 25 أَحْيَآءً

وَأَمْوَٰتًا 26 وَجَعَلْنَا فِيهَا رَوَٰسِىَ

شَـٰمِخَـٰتٍ وَأَسْقَيْنَـٰكُم مَّآءً فُرَاتًا 27

وَيْلٌ يَوْمَئِذٍ لِّلْمُكَذِّبِينَ 28 ٱنطَلِقُوٓا۟

إِلَىٰ مَا كُنتُم بِهِۦ تُكَذِّبُونَ 29

ٱنطَلِقُوٓا۟ إِلَىٰ ظِلٍّ ذِى ثَلَـٰثِ شُعَبٍ 30

لَّا ظَلِيلٍ وَلَا يُغْنِى مِنَ ٱللَّهَبِ 31

إِنَّهَا تَرْمِى بِشَرَرٍ كَٱلْقَصْرِ 32 كَأَنَّهُۥ

جِمَٰلَتٌ صُفْرٌ 33 وَيْلٌ يَوْمَئِذٍ

لِّلْمُكَذِّبِينَ 34 هَٰذَا يَوْمُ لَا يَنطِقُونَ 35

وَلَا يُؤْذَنُ لَهُمْ فَيَعْتَذِرُونَ 36

وَيْلٌ يَوْمَئِذٍ لِّلْمُكَذِّبِينَ 37

هَٰذَا يَوْمُ ٱلْفَصْلِ صلى جَمَعْنَٰكُمْ

وَٱلْأَوَّلِينَ 38 فَإِن كَانَ لَكُمْ كَيْدٌ

فَكِيدُونِ 39 وَيْلٌ يَوْمَئِذٍ لِّلْمُكَذِّبِينَ 40

إِنَّ ٱلْمُتَّقِينَ فِى ظِلَٰلٍ وَعُيُونٍ 41

وَفَوَٰكِهَ مِمَّا يَشْتَهُونَ 42 كُلُوا۟

وَٱشْرَبُوا۟ هَنِيٓـًٔا بِمَا كُنتُمْ تَعْمَلُونَ 43

إِنَّا كَذَٰلِكَ نَجْزِى ٱلْمُحْسِنِينَ 44 وَيْلٌ

يَوْمَئِذٍ لِّلْمُكَذِّبِينَ 45 كُلُوا۟ وَتَمَتَّعُوا۟

قَلِيلًا إِنَّكُم مُّجْرِمُونَ 46 وَيْلٌ يَوْمَئِذٍ

لِّلْمُكَذِّبِينَ 47 وَإِذَا قِيلَ لَهُمُ ٱرْكَعُوا۟

لَا يَرْكَعُونَ 48 وَيْلٌ يَوْمَئِذٍ

لِّلْمُكَذِّبِينَ فَبِأَيِّ حَدِيثٍ بَعْدَهُۥ 49

يُؤْمِنُونَ 50

End of Hizb 58

و الحمدلله